Ernst Probst / Doris Probst

# Kastel in der Vorzeit

Von der Jungsteinzeit
bis Christi Geburt

Für die wertvolle Hilfe bei der Entstehung dieses Werkes bedanken sich die Autoren bei

Dr. Birgit Heide,
Direktorin des Landesmuseum Mainz,

Dr. Sabine Schade-Lindig,
stellvertretende Landesarchäologin des Bundeslandes Hessen,
Wiesbaden-Biebrich

Impressum:
1. Auflage als Print-Buch / November 2018
Autoren: Ernst Probst und Doris Probst
Im See 11, 55246 Mainz-Kostheim
Telefon: 06134/21152
E-Mail: ernst.probst (at) gmx.de
DorisProbst (at) gmx.de
Herstellung: Amazon Distribution GmbH, Leipzig
Alle Rechte vorbehalten
ISBN: 978-1731281463

# Vorwort

„Kastel in der Vorzeit" ist das Thema des gleichnamigen kleinen Taschenbuches von Ernst Probst und Doris Probst. Es befasst sich mit prähistorischen Funden aus der Jüngeren Steinzeit, Bronzezeit und Vorrömischen Eisenzeit, die man in der Gegend von Mainz-Kastel geborgen hat. Für die Anwesenheit von Jägern und Sammlern aus der Altsteinzeit (Frühmenschen oder Neandertaler) und Mittelsteinzeit liegen bisher noch keine Hinweise vor. Nach heutigem Wissensstand gehören ein tönerner Schöpflöffel und Steinwerkzeuge der jungsteinzeitlichen Michelsberger Kultur (etwa 4300 bis 3500 v. Chr.) zu den frühesten Fundstücken. Eine womöglich von der Wartberg-Kultur (etwa 3500 bis 2800 v. Chr.) stammende steinerne Pfeilspitze sowie ein tönerner Glockenbecher der Glockenbecher-Kultur (etwa 2500 bis 2000 v. Chr.) sind weitere Hinterlassenschaften aus der Jungsteinzeit, für die Ackerbau, Viehzucht und Töpferei als typisch gelten. Manche Objekte aus der Jungsteinzeit (Netzbeschwerer, Scheibenkeule, Axt, Schuhleistenkeil, alle aus Stein angefertigt), Bronzezeit (Nadeln, Ring, Messer, Dolch, Beilklingen, sämtlich aus Bronze geschaffen) und Vorrömischen Eisenzeit (Glasperle, Zierscheibe, Schwerter) sind Flussfunde aus dem Rhein. Der Text und die Abbildungen von „Kastel in der Vorzeit" stammen aus dem 694 Seiten umfassenden Taschenbuch „6000 Jahre Kastel" von Ernst Probst, und Doris Probst das im November 2018 erschienen ist.

Ernst Probst und Doris Probst, November 2018

# Inhalt

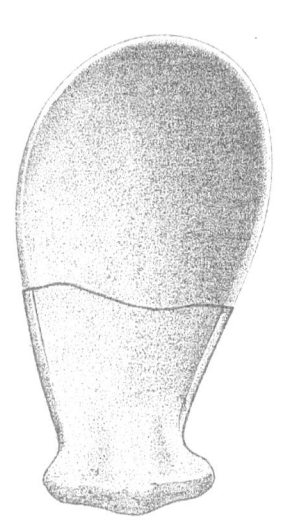

Vorwort / 3
Kastel in der Vorzeit / 7
Steinzeit / 7
Altsteinzeit / 7
Mittelsteinzeit / 13
Jungsteinzeit / 15
Schöpflöffel
 der Michelsberger Kultur / 17
Pfeilspitze der Wartberg-Kultur? / 21
Glockenbecher der Glockenbecher-Kultur / 23
Weitere Funde aus der Jungsteinzeit / 27
PGIS-Objekt-Recherche / 27
Bandkeramiker in Erbenheim / 29
Hinkelstein-Leute in Kloppenheim / 31
Bischheimer Grab in Biebrich / 31
Michelsberger Siedlung in Schierstein / 31
Schnurkeramiker in Wiesbaden / 31
Steinbeile in Kostheim / 33

Bronzezeit / 35
Frühbronzezeit / 35
Mittelbronzezeit / 37
Spätbronzezeit / 39
Helm aus dem Main
bei Kostheim / 41
Keramik und Gräber aus Kastel / 43
Die Vorrömische Eisenzeit / 45
Hallstatt-Zeit / 45
La-Tène-Zeit / 49
Germanen verdrängen Kelten / 52
Stadt des Mogon / 52
Viele Namen für Mainz / 53
Castellum Mattiacorum / 55
Die Autoren / 56
Literatur / 57
Bücher von Ernst Probst / 60
Bücher von Doris Probst / 63

Heidelberg-Mensch.
Zeichnung:
Fritz Wendler (1941–1995)
aus „Deutschland
in der Steinzeit" (1991)
von Ernst Probst

Umstrittene
Knochenwerkzeuge
aus den Mosbach-Sanden
bei Wiesbaden.
Rechts ein ca. 20 Zentimeter
langer dolchförmiger
Pferdeknochen.
Abgüsse der im
„Zweiten Weltkrieg"
zerstörten Originale
im Naturhistorischen
Museum Mainz.
Foto: Naturhistorisches
Museum Mainz

# Kastel in der Vorzeit

## Steinzeit

### Altsteinzeit

Aus der Altsteinzeit vor etwa 1,2 Millionen bis 10.000 Jahren vor heute liegen aus der Gegend von Mainz-Kastel bisher keine Funde vor, welche die Anwesenheit von Jägern und Sammlern belegen. Die Altsteinzeit fiel in das von starken Klimaschwankungen geprägte Eiszeitalter (etwa 2,6 Millionen bis 10.000 Jahre), in dem es Warmzeiten und Kaltzeiten und sogar Eiszeiten mit Gletschervorstößen in Nord- und Süddeutschland gab. In der Altsteinzeit lebten nacheinander Frühmenschen, Altmenschen (Neandertaler) und Jetztmenschen. Als eindrucksvollstes Zeugnis der Besiedlung Deutschlands durch Frühmenschen gilt der am 21. Oktober 1907 in einer Sandgrube von Mauer bei Heidelberg entdeckte etwa 630.000 Jahre alte Unterkiefer des Heidelberg-Menschen. Dieser verdankt seinen Namen der Tatsache, dass er in Heidelberg aufbewahrt wird.
Sehr umstritten sind auffällig geformte Knochen von Wildpferd, Wisent und Elefant, die 1929, 1931 und 1936 in den Mosbach-Sanden (Mosbacher Sande) bei Wiesbaden gefunden wurden. Die Mosbach-Sande sind nach dem ehemaligen Dorf Mosbach zwischen Wiesbaden und Biebrich benannt und kommen auf dem Gebiet von Biebrich, Mainz-Amöneburg und Mainz-Kastel vor. Der Mainzer Zoologe Dr. Otto Schmidtgen (1879–1938) glaubte, die von ihm entdeckten auffälligen Knochen seien durch Abschlagen und Abschleifen von Teilen zu Artefakten umgearbeitet worden. Er deutete diese umstrittenen Funde als Dolch, Messer, Glätter, Stichel, Bohrer und Schaber.

Tiere *(Geier, Mosbacher Pferd, Waldbison, Mosbacher Löwe, Waldnashorn, Gepard, Affe)* und Frühmenschen aus dem Eiszeitalter vor etwa 600.000 Jahren. Ölgemälde von Fritz Wendler (1941–1995) aus „Deutschland in der Urzeit" (1986) von Ernst Probst

*Maximale Ausdehnung
der Gletscher
in Deutschland
in der Weichsel-Eiszeit
und in der Würm-Eiszeit.
Im Norden: Weichsel-Eiszeit,
im Süden: Würm-Eiszeit.
Karte von Adolf Böhm
aus „Deutschland
in der Urzeit" (1986)
von Ernst Probst*

*Rekonstruktion eines Neandertalers
im Neanderthal-Museum bei Düsseldorf.
Foto: Neozoon / CC-BY-SA3.0 (via Wikimedia Commons),
lizensiert unter CreativeCommons-Lizenz by-sa-3.0-de,
https://creativecommons.org/licenses/by-sa/3.0/legalcode*

*Jäger aus dem Gravettien (etwa 28.000–21.000 Jahre vor heute)
mit erlegtem Mammut. Zeichnung: Fritz Wendler (1941–1995)
aus „Deutschland in der Steinzeit" (1991) von Ernst Probst*

Vor ungefähr 600.000 Jahren existierte in der Wiesbadener Gegend eine exotische Tierwelt, wie man sie eher in Afrika als in Deutschland vermuten würde. Dazu gehörten Geier, Elefanten, Nashörner, Flusspferde, Affen, Hyänen, bis zu 3,60 Meter lange Riesenlöwen (Mosbacher Löwen), Säbelzahnkatzen (früher Säbelzahntiger genannt), Geparde und Jaguare. Reste solcher Tiere aus den Mosbach-Sanden werden in Museen von Mainz, Wiesbaden und Frankfurt am Main aufbewahrt.
Von den „klassischen Neandertalern" vor etwa 115.000 bis 35.000 Jahren kennt man bisher aus der Gegend von Mainz-Kastel keine Hinterlassenschaften. Jene Altmenschen oder Urmenschen sind nach dem Neandertal bei Düsseldorf-Mettmann bezeichnet, in dem 1856 Skelettreste entdeckt wurden. Die Neandertaler wohnten in Höhlen, unter Felsdächern und in zeltartigen Behausungen, jagten mit Stoßlanzen und Wurfspeeren und gelten als die ersten Urmenschen, die ihre Toten sorgfältig bestatteten und vermutlich bereits religiöse Vorstellungen entwickelten. Ähnlich alt wie die Funde aus dem Neandertal sollen Skelettreste vom Vorplatz der Wildscheuerhöhle bei Steeden an der Lahn in Hessen sein.
Unbestritten ist, dass einige Wildpferd-Jäger vor mehr als 21.000 Jahren an der Adlerquelle in Wiesbaden gelagert haben. Dies geschah zur Zeit der nach dem französischen Fundort La Gravette bei Bayac im Departement Dordogne als Gravettien (etwa 28.000–21.000 Jahre vor heute) bezeichneten Kulturstufe. Offenbar haben diese Jäger von der Besonderheit der heute noch fast 70 Grad Celsius warmen Mineralquelle gewusst und sie geschätzt.
Aus dem Gravettien stammen auch zwei kleine fragmentarisch erhaltene Frauenfiguren aus Kalkstein vom Linsenberg oberhalb des Zahlbachtals in Mainz. Man hat diese nur dreieinhalb Zentimeter großen „Venusfiguren vom Linsenberg" 1921 bei Ausgrabungen entdeckt. Zuvor war man bei Kanalarbeiten unterhalb der heutigen Universitätskliniken auf Funde von

Fragmentarisch erhaltene „Venusfigur
aus dem Gravettien (etwa 28.000 bis 21.000 Jahre vor heute)
vom „Linsenberg" in Mainz.
Höhe: 3,6 Zentimeter,
Breite: 3 Zentimeter,
Dicke 1,8 Zentimeter.
Alter etwa 25.000 Jahre.
Original im Landesmuseum Mainz.
Foto: Landesmuseum Mainz

Tierknochen und Feuersteinklingen gestoßen. Diese „Venusfiguren" werden im „Landesmuseum Mainz" aufbewahrt. „Venusfiguren" aus Stein, Knochen und Elfenbein waren vom Don bis an den Atlantik verbreitet. Die Darstellungen von Frauen mit üppigen Brüsten und oft auch mit dickem Bauch aus dem Gravettien verkörperten womöglich die weibliche Fruchtbarkeit.

Der Zeit nach dem Gravettien wird ein Lagerplatz von Wildpferd-Jägern im Wäschbachtal in Wiesbaden-Igstadt zugerechnet. Dieser Fundort ist von dem Prähistoriker Thomas Terberger in den 1990er Jahren untersucht worden. Neuerdings gelten die Funde aus Igstadt zwischen 19.000 und 17.000 Jahre alt. Vorher hatte man sie dem Gravettien zugerechnet. Die Wildpferd-Jäger von Igstadt lebten in einer klimatisch schwierigen Zeit, als die Gletscher im Norden bis Hamburg und im Süden fast bis München vorgerückt waren. Früher hatte man angenommen, damals sei das Rheinland eine menschenleere „Kältewüste" gewesen.

In Rüsselsheim, weniger als 20 Kilometer von Mainz-Kastel entfernt, entdeckte man 1989 am Hang eines flachen Sandrückens den ovalen Grundriss eines Zeltes aus der Zeit der Federmesser-Gruppen (etwa 12.000–10.700 Jahre vor heute). Der Name jener Kulturstufe beruht darauf, dass diese aus Feuerstein hergestellten kleinen Messer den Federmessern ähnelten, mit denen man in früheren Zeiten die Schreibfedern spitzte. Im Rüsselsheimer Zelt hatte einst ein Feuer gebrannt, in dem zeitweise Gerölle erhitzt wurden, die man ins Kochgruben warf, um eine Suppe zum Sieden zu bringen. So funktionierten „Tauchsieder der Steinzeit".

**Mittelsteinzeit**
Bisher seien in Hessen keine aussagekräftigen Siedlungsspuren – wie Grundrisse von Behausungen und Feuerstellen – aus der Mittelsteinzeit (etwa 10.000–7.000 Jahre vor heute) entdeckt

*Alltag in einer Siedlung von Jägern, Fischern und Sammlern aus der Mittelsteinzeit vor mehr als 8.000 Jahren. Ölgemälde von Fritz Wendler (1941–1995) aus „Deutschland in der Steinzeit" (1991) von Ernst Probst*

worden. Man kenne lediglich eine Anzahl von Freilandstationen mit mehr oder minder zahlreichen Steinwerkzeugen und -waffen, die auf der Erdoberfläche aufgelesen wurden. So hieß es in dem 1991 erschienenen Buch „Deutschland in der Steinzeit" von Ernst Probst. Dies gilt für Hessen immer noch. In der Gegend von Mainz-Kastel hat man bisher gar nichts aus der Mittelsteinzeit gefunden. Die Mittelsteinzeit endete jeweils regional verschieden mit dem Beginn von Ackerbau, Viehzucht und Töpferei bei den letzten mittelsteinzeitlichen Jägern, Fischern und Sammlern. Besonders typisch waren für die Mittelsteinzeit die auffallend kleinen und feinen Feuersteingeräte, die man Mikrolithen nennt.

Im Senckenberg-Moor bei Frankfurt am Main gelang 1914 der Nachweis, dass die mittelsteinzeitlichen Jäger, Fischer und Sammler bereits Haushunde besaßen. Dort fand man Skelettreste eines Hundes, der etwa so groß wie ein heutiger Spitz war. Der „Senckenberg-Hund" kam zusammen mit dem Skelett eines Auerochsen zum Vorschein.

**Jungsteinzeit**
5500–4300 v. Chr.: Theoretisch könnte man in der Gegend von Mainz-Kastel vorgeschichtliche Funde aus der Zeit der Linienbandkeramischen Kultur (etwa 5500–4900 v. Chr.), Hinkelstein-Gruppe (etwa 4900–4800 v. Chr.), Großgartacher Gruppe (etwa 4800–4600 Chr.) und Rössener Kultur (etwa 4600–4300 v. Chr.) erwarten. Diese Kulturen waren – nach Funden zu schließen – in den ersten 1200 Jahren der Jungsteinzeit, die etwa 5500 v. Chr. begann und etwa 2300 v. Chr. endete, auch in Hessen verbreitet. Doch bisher sind in Kastel aus dieser 1200 Jahre währenden Zeitspanne keine eindeutig einer bestimmten Kultur zuweisbare Hinterlassenschaften bekannt. Das kann sich aber jeden Tag ändern. Im Kasteler Nachbarort Erbenheim lag ehedem eine Siedlung der Linienbandkeramischen Kultur. Und im rund 20 Kilometer

*Befestigte Siedlung
von Ackerbauern
und Viehzüchtern
der Linienbandkeramischen
Kultur (etwa 5.500
bis 4900 v. Chr.)
in der Jungsteinzeit.
Ölgemälde von
Fritz Wendler (1941–1995)
aus „Deutschland
in der Steinzeit" (1991)
von Ernst Probst*

entfernten Trebur (Kreis Groß-Gerau) befanden sich 120 Gräber, von denen etwa zwei Drittel zur Hinkelstein-Gruppe und ein Drittel zur nachfolgenden Großgartacher Gruppe gehören.

**Schöpflöffel der Michelsberger Kultur**
4300–3500 v. Chr.: In der Gegend, in der heute Mainz-Kastel liegt, haben sich nachweislich bereits in der Jungsteinzeit (etwa 5500–2300 v. Chr.) vor rund 6000 Jahren Ackerbauern und Viehzüchter aufgehalten. Dieses hohe Alter haben ein tönerner Schöpflöffel und Steinwerkzeuge aus Silex von der Fundstelle „Kastel 55" im Bereich der Sandgrube am „Hessler" im Dyckerhoff-Steinbruch. Jene Objekte stammen von der Michelsberger Kultur (etwa 4300–3500 v. Chr.), die nach dem Michelsberg beim Ortsteil Untergrombach von Bruchsal (Kreis Karlsruhe) benannt ist. Die Michelsberger Kultur existierte in Baden-Württemberg, im Saarland, in Rheinland-Pfalz, Hessen, Nordrhein-Westfalen, im südlichen Holland, in Belgien und Nordostfrankreich.

Von dieser Kultur sind in Deutschland mehr als 200 Siedlungsplätze bekannt. Sie befinden sich im Flachland und auf Höhen. Nicht selten hat man die Siedlungen in schwer zugänglicher Lage errichtet und durch ebenso ausgedehnte wie aufwendige Befestigungsanlagen geschützt. Diese frühen „Burgen der Steinzeit" waren von breiten und tiefen Gräben und Palisaden umgeben. „Das deutet auf ein gewisses Schutzbedürfnis und unruhige Zeiten hin, in denen man mit Überfällen rechnen musste", meinte der Wissenschaftsautor Ernst Probst in seinem Buch „Deutschland in der Steinzeit" (1991). Zu den schon seit langem bekannten befestigten Anlagen der Michelsberger Kultur gehört die von Wiesbaden-Schierstein. Die ersten Funde wurden bereits 1894 in der „Ziegelei Dr. Peters" geborgen. Weitere Entdeckungen glückten ab 1914/1915 in einem 120 Meter langen Grabensystem, das

*Menschen
der Michelsberger Kultur
(etwa 4.300 bis 3.500 v. Chr.)
beim Abbau von Feuerstein.
Zeichnung:
Fritz Wendler (1941–1995)
aus „Deutschland
in der Steinzeit" (1991)
von Ernst Probst*

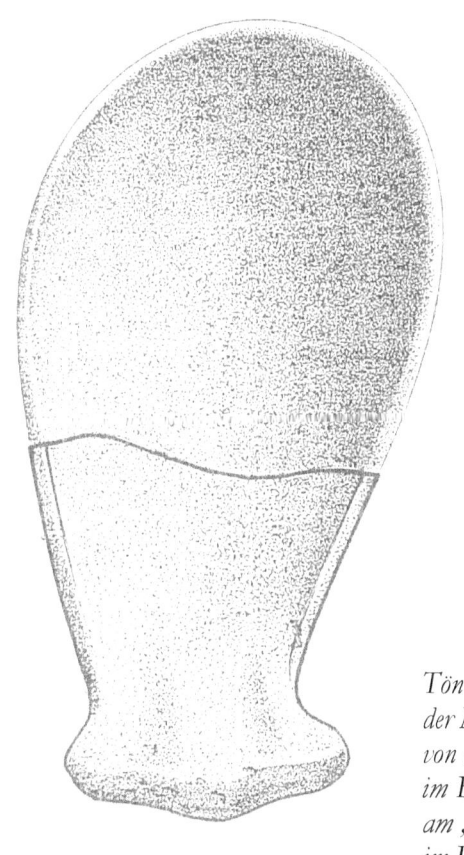

Tönerner Schöpflöffel
der Michelsberger Kultur
von der Fundstelle „Kastel 55"
im Bereich der Sandgrube
am „Hessler"
im Dyckerhoff-Steinbruch.
Gesamtlänge des ergänzten
Fundes: 11,3 Zentmeter.

Schöpflöffel aus Ton
gehören zum typischen
Keramikrepertoire
der Michelsberger Kultur
Zeichnung:
Landesamt für Denkmalpflege,
Wiesbaden-Biebrich

offenbar Teil einer am rechten Rheinufer angelegten halbkreisförmigen Siedlung gewesen ist. Der schützende Graben war auf der Sohle zwischen 1,10 und 2,45 Meter breit und 2,70 bis 3 Meter tief.

Auch den tönernen Schöpflöffel und die Steinwerkzeuge von der Fundstelle „Kastel 55" im Dyckerhoff-Steinbruch betrachtet man als Siedlungsfunde. Dort hatte der am „Römisch-Germanischen Zentralmuseum Mainz" („RGZM") arbeitende Restaurator Ferdinand Waih vor 1940 den tönernen Griff eines Schöpflöffels und Steinwerkzeuge aus Silex geborgen. Den Schöpflöffel-Griff (Inv.-Nr. 79/143) hat man später ergänzt, die Gesamtlänge des Schöpflöffels betrug dann 11,3 Zentimeter. Bei den Steinwerkzeugen handelt es sich um einen 9,5 Zentimeter langen Klingenschaber (Inv.-Nr. 79/142 a), eine 9 Zentimeter lange Klinge (Inv.-Nr. 79/142 b), einen 5,4 Zentimeter langen Silex-Abschlag (Inv.-Nr. 19/142 c) und um einen 6,3 Zentimeter langen Klingenschaber (Inv.-Nr. 79/142 d). Eine Fundstelle der Michelsberger Kultur war bis zu dieser Entdeckung im Bereich der Sandgrube am „Hessler" nicht bekannt. Die nächste Fundstelle dieser Kultur befand sich links der Mainzer Straße von Wiesbaden aus zwischen Gas- und Margarinefabrik. Das „Landesmuseum Mainz" erwarb am 30. Juli 1979 von Waih die Kasteler Funde der Michelsberger Kultur sowie römische und mittelalterliche Objekte. 1987 war der Schöpflöffel im Ausstellungskatalog „Schätze der Vorzeit aus dem Depot des Landesmuseums" zu sehen. Durch einen Brief von Dr. Gerd Rupprecht vom „Landesamt für ‚Denkmalpflege", Amt Mainz, vom 18. April 1988 erfuhr das „Landesamt für Denkmalpflege" im Schloss Biebrich von „neolithischen Funden" aus der Sandgrube am „Hessler". Auf diese war Rupprecht bei der Durchsicht des Mainzer Museumsinventars gestoßen. Am 2. Januar 1989 lieh Dr. Eike Pachali vom „Landesamt für Denkmalpflege Hessen, Abteilung für Vor- und Frühgeschichte" im Schloss Biebrich vom

„Landesmuseum Mainz" den Schöpflöffel für etwa zwei Monate aus, um eine Abformung und Zeichnung vornehmen zu lassen. Eine Nachbildung des Schöpflöffels präsentierte man ab dem 14. Februar 1989 in der Ausstellung der „Dyckerhoff-Zementfabrik".

**Pfeilspitze der Wartberg-Kultur?**
3500–2800 v. Chr.: Der Wiesbadener Hobby-Archäologe Björn Böhm entdeckte 2010 bei einer Begehung der Fundstelle „Kastel 82" mit einer Metallsonde neben einem metallenen römischen Beschlag und Schlüsselring auch eine steinerne Pfeilspitze. Der 3,8 Zentimeter lange Fund aus Silex blieb im Besitz des Entdeckers. Von der kunstfertig zurechtgeschlagenen Pfeilspitze ohne Stiel existieren Fotos. Ähnliche Pfeilspitzen gab es in der jungsteinzeitlichen Wartberg-Kultur bzw. Wartberg-Gruppe (etwa 3500–2800 v. Chr.), meint der Wissenschaftsautor Ernst Probst. Diese Kulturstufe exisierte in Teilen von Hessen, Nordrhein-Westfalen und Thüringen. Sie war von Wiesbaden im Süden bis in die Warburger Börde im Norden verbreitet. In Hessen gilt die Wartberg-Kultur als Nachfolger der Michelsberger Kultur. Auf dem Wartberg bei Niedenstein-Kirchberg (Schwalm-Eder-Kreis) in Hessen hatte einst eine Höhensiedlung der Wartberg-Kultur gelegen. Die von den Wartberg-Leuten errichteten Steinkammergräber (auch Galeriegräber genannt) bis zu 20 Meter Länge und 3,50 Meter Breite stellen eine bedeutende Leistung dieser Menschen dar. Im berühmten Steinkammergrab von Züschen bei Fritzlar mit Darstellung der „Dolmengöttin" und halbmetergroßem „Seelenloch" im Türlochstein fand man Knochen von mindestens 27 Toten. Die in Steinkammergräbern bestatteten Männer waren bis zu 1,65 Meter und die Frauen bis zu 1,59 Meter groß. In einen Wandstein im Steinkammergrab von Warburg (Kreis Höxter) waren unter anderem Rindergespanne eingraviert. Zur Wartberg-Kultur gehören vielleicht unverzierte und verzierte

*Steinerne Pfeilspitze von der Fundstelle „Kastel 82".*
*Länge: 3,8 Zentimeter. Entdecker: Björn Böhm, Wiesbaden.*
*Foto: Dr. Bernd Steinbring, hessenARCHÄOLOGIE*

*Bestattung eines Verstorbenen der Wartberg-Gruppe (etwa 3.500 bis 2800 v. Chr.) im Steinkammergrab von Züschen bei Fritzlar in Hessen.*
*Zeichnung:*
*Fritz Wendler (1941–1995)*
*aus „Deutschland in der Steinzeit" (1991)*
*von Ernst Probst*

Keramikreste mit Einstichreihen und Fischgrätenmuster bei Wiesbaden-Hebenkies auf dem Weg zur Platte. Sie kamen in einer Siedlungsschicht unter einem Grabhügel und in dessen Aufschüttung zum Vorschein.

**Glockenbecher der Glockenbecher-Kultur**
2500–2000 v. Chr.: Der bisher prächtigste Fund aus der Jungsteinzeit in Mainz-Kastel ist zweifellos ein verzierter tönerner Glockenbecher der Glockenbecher-Kultur (etwa 2500–2000 v. Chr.) aus einem Flachgrab am Petersberg. Dieses Tongefäß wurde am 7. März 1914 dem damaligen „Altertumsmuseum Mainz" (heute: „Landesmuseum Mainz") von einem „Dr. Schmiedgen" geschenkt. Der Kostheimer Wissenschaftsautor Ernst Probst spekulierte, dass es sich bei „Dr. Schmiedgen" um den damaligen Direktor des „Naturhistorischen Museums Mainz", Dr. Otto Schmidtgen (1879–1938), handeln könnte.

Die Bezeichnung Glockenbecher-Kultur fußt auf dem weitmundigen Becher in Gestalt einer umgestülpten Glocke, der als typisches Tongefäß dieser Kultur gilt. Als erste benutzten italienische und tschechische Prähistoriker den Ausdruck „Glockenbecher", 1900 verwendete auch der damals in Mainz arbeitende Prähistoriker Paul Reinecke (1872–1958) diesen Begriff.

Die Glockenbecher-Kultur war von Portugal im Westen bis nach Ungarn im Osten sowie von Italien im Süden bis nach England im Norden verbreitet. Außer in den genannten Ländern war sie auch in Spanien, Frankreich, Holland, Deutschland, der Schweiz, Österreich, in Tschechien und Polen vertreten.

„Manche Menschen, vor allem Männer, der Glockenbecher-Kultur, besaßen einen auffällig steilen Hinterkopf, den sogenannten planoccipitalen Steilkopf. Ein Merkmal, für das es bis dahin in Mitteleuropa keine Vorläufer gab. Dies und

*Verzierter Glockenbecher
der Glockenbecher-Kultur
(etwa 2500 bis 2000 v. Chr.)
vom Petersberg
bei Mainz-Kastel.
Original im
Landesmuseum Mainz.
Foto: Landesmuseum Mainz*

*Berittener Krieger der
Glockenbecher-Kultur
(etwa 2500 bis 2000 v. Chr.)
Zeichnung: Fritz Wendler
(1941–1995)
aus „Deutschland
in der Steinzeit" (1991)
von Ernst Probst*

einige andere Besonderheiten – beispielsweise spärliche Siedlungsspuren und zahlreiche Hinweise auf Pfeil und Bogen – hat dazu geführt, dass die Glockenbecher-Leute früher für einwandernde Bogenschützen und Kupfersucher gehalten wurden, die sich im Laufe der Zeit mit der einheimischen Bevölkerung vermischten." So heißt es in dem Buch „Deutschland in der Steinzeit" (1991) von Ernst Probst.

Darin wird mit einer Zeichnung des Malers Fritz Wendler (1941–1995) ein Krieger der Glockenbecher-Kultur zu Pferd mit Pfeil und Bogen sowie Armschutzplatte am linken Unterarm, die vor der zurückschnellenden Bogensehne schützte, dargestellt.

Der Heilbronner Arzt und Prähistoriker Alfred Schliz (1849–1915) und der Mainzer Prähistoriker Kurt Schumacher (1860–1934) bezeichneten die Glockenbecher-Leute 1912 und 1921 als „ein Volk reisiger Bogenschützen". Der Stuttgarter Prähistoriker Oscar Paret (1889–1972) sprach von „Nomaden" und der Freiburger Prähistoriker Edward Sangmeister (1916–2016) verglich die Glockenbecher-Leute mit „Zigeunern". Sangmeister sah 1972 in den Angehörigen der Glockenbecher-Kultur eine sehr bewegliche, in Kleingruppen, vielleicht in Clans aufgespaltene Gesellschaft, die keinen Ackerbau, vielleicht aber Kleintierzucht und Jagd betrieb. Die Glockenbecher-Leute besaßen nach seiner Ansicht spezielle Kenntnisse im Suchen, Verarbeiten und im Austausch vor allem von Kupfer. Sie brauchten den Kontakt mit den Sesshaften, um aus dem Tausch Gewinn zu ziehen.

Der ungefähr 4000 bis 4500 Jahre alte Glockenbecher vom Petersberg wird noch heute im „Landesmuseum Mainz" aufbewahrt und hat die Inventarnummer „0,1184". Dieser Glockenbecher sowie der Schöpflöffel und die Steinwerkzeuge der Michelsberger-Kultur aus dem Dyckerhoff-Steinbruch sind im „Landesmuseum Mainz" nicht die einzigen jungsteinzeitlichen Funde aus der Kasteler Gegend.

## Weitere Funde aus der Jungsteinzeit

5500–2300 v. Chr.: In einer Fundliste des „Landesmuseums Mainz", in die freundlicherweise dessen Direktorin Dr. Birgit Heide einen Einblick gewährte, sind mehrere jungsteinzeitliche Flussfunde aus dem Rhein bei Mainz-Kastel enthalten: ein Netzbeschwerer (Inventarnummer V4785), ein Axtfragment (V4345), eine Scheibenkeule (V4777), eine Axt (V4764) und ein Schuhleistenkeil (V4563), alle aus Stein. Netzbeschwerer (auch Netzsenker genannt) benutzte man beim Fischfang mit Netz. Scheibenkeulen gelten als Bestandteil eines Schlaginstruments mit Schaft. Schuhleistenkeile mit gewölbter Ober- und flacher Unterseite – also mit D-förmigem Querschnitt – waren ein Universalgerät für alle Holzarbeiten. Sie dienten je nach Größe und Schäftung sowohl zum Fällen von Bäumen für den Hausbau als auch zu Meißel- und Hobelarbeiten. Vielleicht benutzte man Schuhleistenkeile – wenn sie beilartig geschäftet waren – auch als Waffen. Schuhleistenkeile gab es bereits zur Zeit der Linienbandkeramischen Kultur (etwa 5500–4900 v. Chr.), aber auch in jüngeren Kulturen der Jungsteinzeit. Wie alt jeder der jungsteinzeitlichen Flussfunde aus dem Rhein bei Mainz-Kastel ist, lässt sich nicht mit Gewissheit sagen. Es könnten theoretisch manchmal mehr als 4000 Jahre, aber auch mitunter über 7000 Jahre sein.

### PGIS-Objekt-Recherche

Auf Kasteler Funde aus der Jungsteinzeit stößt man auch bei der „PGIS-Objekt-Recherche". Was dabei herauskommt, hat dankenswerterweise die Prähistorikerin Dr. Sabine Schade-Lindig, stellvertretende Landesarchäologin des Bundeslandes Hessen und stellvertretende Abteilungsleiterin der hessen/Archäologie am Hauptsitz des „Landesdenkmalamtes für Hessen in Wiesbaden", zusammengetragen.
Zu den frühesten Kasteler Funden aus der Jungsteinzeit gehören der erwähnte tönerne Griff eines Schöpflöffels und

die Steinwerkzeuge aus Silex der Michelsberger Kultur von der Fundstelle „Kastel 55" im Dyckerhoff-Steinbruch. Wie erwähnt, sind diese Objekte bereits vor 1940 von dem Mainzer Präparator Ferdinand Waih geborgen worden und befinden sich heute im „Landesmuseum Mainz".
Am 16. März 1984 entdeckte ein Exkursionsteilnehmer im Dyckerhoff-Steinbruch Kastel zufällig das Nackenbruchstück eines jungsteinzeitlichen Steinbeils. Dieses lag an der Fundstelle „Kastel 40" in der Flur Wasserrollhohl, „nördlich der 110 KV-Leitung", am Südost-Rand des Dyckerhoff-Steinbruches. Der Entdecker wollte mit der Leitung des Steinbruches und der staatlichen Denkmalpflege nichts zu tun haben. Deshalb sind sein Name und sein Wohnort nicht bekannt. Irrtümlich glaubte der Mann, einen neuzeitlichen Wetzstein vor sich zu haben und schlug eine kleine Ecke ab. Am frischen Buch erkannte der Dyckerhoff-Geologe Dr. Helmut Eisenlohr die Gesteinsart. Es war ein tiefschwarzer, feinkörniger Olivinbasalt. Der Geologe maß das Steinbeil-Fragment, ermittelte eine erhaltene Länge von 5,5 Zentimetern und ein Gewicht von 169 Gramm. Außerdem fertigte er eine Skizze an. Am 19. März 1984 informierte Dr. Eisenlohr den Wiesbadener Archäologen Dr. Eike Pachali vom „Landesdenkmalamt Hessen" im Schloss Biebrich brieflich über die Entdeckung. Das Steinbeil war in der Bohrung, in der ein Stiel angebracht werden sollte, durchgebrochen. Der seltene Fund wurde 1986 in den „Fundberichten aus Hessen" erwähnt.
Von 2004 bis 2006 entdeckte der Archäologe Folkert Tiarks bei regelmäßigen Begehungen mit einer Metallsonde im Fundareal Petersweg in Mainz-Kastel viele Funde der Römischen Kaiserzeit, aber auch kleine Mengen urnenfelderzeitlicher und jungsteinzeitlicher Keramik. Wie immer legte der gewissenhafte Sondengänger seine Funde dem „Landesamt für Denkmalpflege" in Wiesbaden-Biebrich vor.

2009 barg man bei einer Grabung auf dem Areal eines ehemaligen römischen Kastells an der Kurt-Hebach-Straße (Fundstelle „Kastel 10") neben zahlreichen römischen Objekten auch einen neun Zentimeter langen und maximal 4,2 Zentimeter breiten jungsteinzeitlichen Keil oder Dechsel (Fundnummer 079901), dessen wahre Natur man aber nicht sofort erkannte. Statt Dechsel sprechen Archäologen auch von Querbeil. Im April 2011 gelangten fast alle Funde von der Kurt-Hebach-Straße und die Dokumentation hierüber an die Universität Köln zwecks wissenschaftlicher Bearbeitung im Rahmen einer Magisterarbeit.

### Bandkeramiker in Erbenheim

1978 wurde unweit von Mainz-Kastel beim Straßenbau in Wiesbaden-Erbenheim eine Siedlung mit Langhäusern der Linienbandkeramischen Kultur (etwa 5500–4900 v. Chr.) entdeckt. Die Bandkeramiker haben auf ihren Tongefäßen bänderartige Verzierungen angebracht. Sie wanderten aus Südosteuropa ein, errichteten teilweise bis zu 40 Meter lange und mehr als 6 Meter breite Langhäuser, manchmal sogar Erdwerke mit Gräben, Wällen und Palisaden, bauten Getreide an und hatten Rinder, Schafe, Ziegen, Schweine und Hunde als Haustiere.

In Wiesbaden-Erbenheim lagen in einer länglichen Grube wild durcheinander 250 menschliche Knochenfragmente, die von 13 Menschen unterschiedlichen Alters und Geschlechts stammen sollen. Ob man die achtlos hinterlassenen Knochenreste als Zeugnisse für Kannibalismus oder Menschenopfer deuten kann, ist sehr umstritten. Bestattungen aus der Zeit der Bandkeramiker kennt man auch aus Wiesbaden-Biebrich.

Andere Funde im Stadtgebiet von Wiesbaden lieferten Hinweise auf die Anwesenheit weiterer Kulturen aus späteren Epochen der Jungsteinzeit.

*Bau eines Langhauses der Linienbandkeramischen Kultur (etwa 5500–4900 v. Chr.). Zeichnung: Fritz Wendler (1941–1995) aus „Deutschland in der Steinzeit" (1991) von Ernst Probst*

*Frau der Hinkelstein-Gruppe (etwa 4900–4800 v. Chr.). Zeichnung: Fritz Wendler (1941–1995) aus „Deutschland in der Steinzeit" (1991) von Ernst Probst*

## Hinkelstein-Leute in Kloppenheim
1999 entdeckte ein Hobby-Archäologe zufällig beim Hausbau in Wiesbaden-Kloppenheim Reste einer Siedlung der Hinkelstein-Gruppe (etwa 4900–4800 v. Chr.). Diese Kulturstufe ist nach dem Gewann Hinkelstein bei Monsheim in Rheinhessen benannt, wo man 1866 beim Roden eines Feldes zur Anlage eines Weinberges auf ein Gräberfeld gestoßen war. Dort hatte ursprünglich ein etwa zwei Meter hoher Menhir gestanden, der im Volksmund „Hinkelstein" genannt wird.

## Bischheimer Grab in Biebrich
Aus Wiesbaden-Biebrich kennt man ein Grab der Bischheimer Gruppe (etwa 4400–4200 v. Chr.). Darin hat man einen unverbrannten Leichnam bestattet. Die Bischheimer Gruppe war im Mittelrheingebiet und in Teilen von Bayern (Unterfranken) verbreitet. Namengebender Fundort ist Bischheim bei Kirchheimbolanden in Rheinland-Pfalz, wo man Anfang der 1930er Jahre Keramikreste dieser jungsteinzeitlichen Kulturstufe fand. Als eine der am besten erforschten Siedlungen der Bischheimer Gruppe gilt diejenige von Schernau bei Dettelbach (Kreis Kitzingen) in Unterfranken. Dort entdeckte man Grundrisse von viereckigen, trapez- und schiffsförmigen Häusern, die zumeist zwei Räume hatten.

## Michelsberger Siedlung in Schierstein
In Wiesbaden-Schierstein existierte am Rheinufer eine halbkreisförmige befestigte Flachlandsiedlung der Michelsberger Kultur (etwa 4300–3500 v. Chr.), die – wie erwähnt – nach dem Michelsberg beim Ortsteil Untergrombach von Bruchsal (Kreis Karlsruhe) bezeichnet ist.

## Schnurkeramiker in Wiesbaden
1817 grub ein Kurgast in Wiesbaden im Waldstück „Hebenkies" einen 21,5 Zentimeter hohen verzierten Becher aus

*Foto oben:*
*Verzierter Becher aus der Zeit der Schnurkeramischen Kulturen (etwa 2800 bis 2400 v. Chr.) vom Fundort Wiesbaden-Hebenkies.*

*Foto unten:*
*Verzierte kupferne Streitaxt aus der Zeit der Schnurkeramischen Kulturen (etwa 2800 bis 2400 v. Chr.) aus der Gegend von Mainz. Länge 25,5 Zentimeter.*
*Foto: Landesmuseum Mainz*

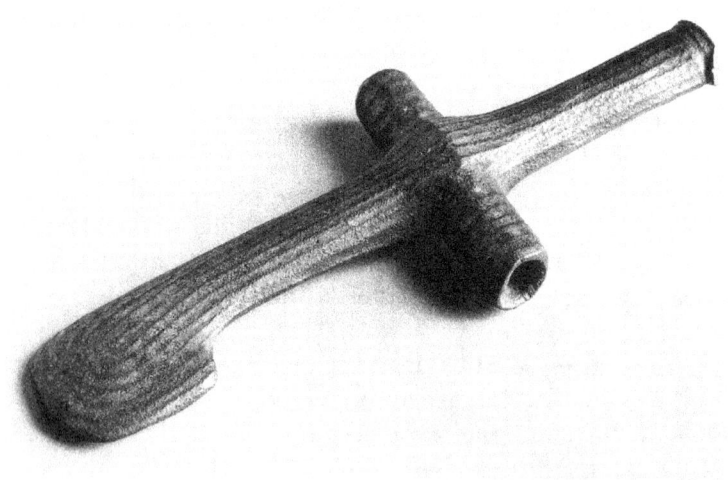

der Zeit der Schnurkeramischen Kulturen (etwa 2800–2400 v. Chr.) aus. Die Tongefäße dieser Kulturen sind häufig durch Abdrücke von Schnüren verziert. Das Verbreitungsgebiet der Schnurkeramischen Kulturen reichte vom Elsaß in Westen bis zur Ukraine im Osten sowie von der Westschweiz im Süden bis nach Südnorwegen im Norden. Zeitweise hatte man die Schnurkeramiker wegen ihrer weit nach Osten reichenden Verbreitung irrtümlich als die ersten bekannten Indogermanen betrachtet. In Wirklichkeit waren sie jedoch keine einheitliche Erscheinung, weshalb von einem Volk mit gleicher Sprache keine Rede sein kann. Der erwähnte schnurverzierte Becher aus Wiesbaden wurde bei einer Grabung des preußischen Gesandtschaftssekretärs in Kopenhagen, Wilhelm Dorow (1790–1846), während eines Kuraufenthaltes entdeckt.

**Steinbeile in Kostheim**
Aus der Kostheimer Gegend kennt man bisher einige Funde, die sich nur allgemein der Jungsteinzeit und keiner bestimmten Kultur derselben zuweisen lassen. In der „Sammlung Nassauischer Altertümer", heute ein Teil des „Stadtmuseum am Markt Wiesbaden", bewahrt man ein Steinbeil aus dem Bereich Im Sachsengraben/Im See auf. Nach Auskunft des „Landesamtes für Denkmalpflege Hessen" ist dieses Steinbeil ein Einzelfund. Bei mehreren kleinen Grabungen im Fundgebiet entdeckte man keine Hinweise auf steinzeitliche Siedlungs- oder Grabreste. Womöglich handelte es sich um einen typischen Verlustfund bei Rodungsarbeiten im Wald, vermutet die Wiesbadener Prähistorikerin Dr. Sabine Schade-Lindig. Bei anderen Funden von Steinbeilen aus der Kostheimer Gegend fehlt eine genaue Angabe des Fundortes. Aus dem Mainbett bei Kostheim sollen eine Geweihaxt (1897) und weitere Steinbeile (1893) stammen. Allein auf Grund dieser wenigen Hinterlassenschaften kann man guten Gewissens behaupten, dass sich in der Gegend von Mainz-Kostheim bereits

*Sogenannter „Stammesfürst"
mit Beil und Schwert
sowie „weise Frau"
aus der Mittelbronzezeit.
Rekonstruktionen
des Münchener Historienmalers
und Altertumsforscher
Julius von Naue (1832–1907)*

vor mindestens 5000 Jahren jungsteinzeitliche Bauern und Viehzüchter aufgehalten haben. Die bisher dünne Funddichte für die Jungsteinzeit und frühere Phasen der Steinzeit (Mittelsteinzeit, Altsteinzeit) in der Gegend von Kastel und Kostheim erscheint dem Frankfurter Prähistoriker Dr. Andreas Reymann seltsam. Gar nicht weit davon habe man in Wiesbaden-Adlerquelle und Wiesbaden-Igstadt mehr als 20.000 Jahre alte Funde von Jägern aus der Altsteinzeit geborgen. Jungsteinzeitliche Beile aus der Region der Mainspitze werden im „Museum Rüsselsheim" präsentiert.

## Bronzezeit

2300–800 v. Chr.: Aus der rund 1500 Jahre langen Bronzezeit, in der Werkzeuge, Waffen und Schmuck aus Bronze angefertigt wurden, liegen aus der Gegend von Mainz-Kastel mehr archäologische Funde als aus der vorhergehenden ca. 3200 Jahre währenden Jungsteinzeit (etwa 5500–2300 v. Chr.) vor. Doch im Vergleich mit den zahlreichen Hinterlassenschaften aus der Römerzeit in den ersten vier Jahrhunderten nach Christi Geburt sind es doch erstaunlich wenig Funde.

### Frühbronzezeit

Unbekannt sind die Fundumstände einer in Mainz-Kastel entdeckten kupfernen Nadel mit ovaler, oben eingerollter Kopfscheibe, die der frühbronzezeitlichen Adlerberg-Kultur (etwa 2300/2200–1800 v. Chr.) zugerechnet wird. Der seltene Fund ist 10,2 Zentimeter lang und die Kopfscheibe maximal 1,7 Zentimeter breit. Diese Nadel gelangte einst ins „Museum Wiesbaden". Die Bezeichnung Adlerberg-Kultur geht auf den Wormser Arzt Karl Koehl (1847–1929) zurück. Sie erinnert an die Wormser Anhöhe Adlerberg, an der von 1896 bis 1951 insgesamt 25 Gräber aus verschiedener Zeit entdeckt wurden. Acht jener Gräber stammen nach heutiger Kenntnis von der

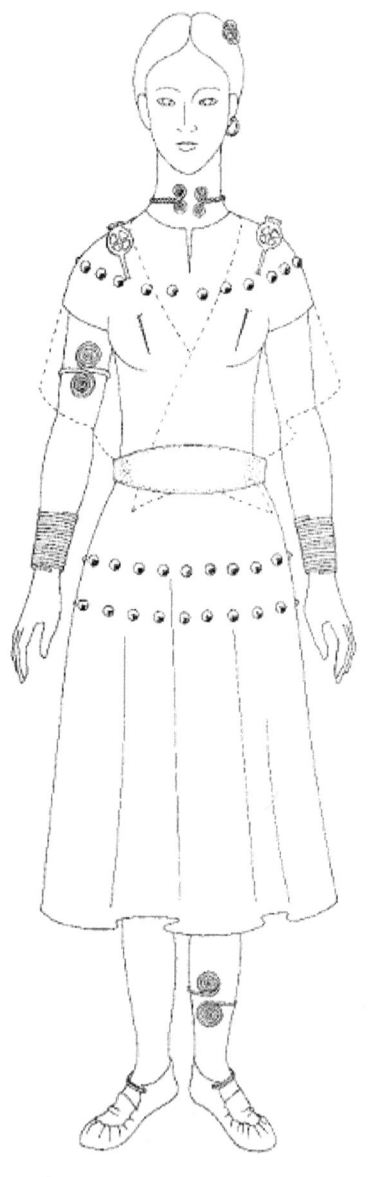

Rekonstruktion
einer Frauentracht
aus der Zeit
der Hügelgräber-Kultur
nach einem Fund
aus Wiesbaden (Südfriedhof).

Zeichnung:
Friederike Hilscher-Ehlert
aus dem Buch
„Deutschland
in der Bronzezeit" (1996)
von Ernst Probst

Adlerberg-Kultur. Jene Kultur war am nördlichen Oberrhein in Rheinland-Pfalz (Rheinhessen, Pfalz), Hessen und in Teilen von Württemberg (Nordbaden) verbreitet. Sie ist sicherlich aus der jungsteinzeitlichen Glockenbecher-Kultur hervorgegangen. Überspitzt formuliert handelte es sich um eine „Glockenbecher-Kultur ohne Glockenbecher". Von der Kleidung der Adlerberg-Leute bleiben meistens nur die Nadeln aus Knochen oder Kupfer übrig, die ehedem die Gewänder zusammenhielten. Zu ihren Waffen gehörten vor allem Pfeil und Bogen sowie kupferne Dolche. Über die Siedlungen weiß man wenig, weil die meisten Funde aus Gräbern stammen.

**Mittelbronzezeit**
Von etwa 1600 bis 1300/1200 v. Chr. war von Ostfrankreich (Elsaß) bis nach Ungarn (Karpathenbecken) die mittelbronzezeitliche Hügelgräber-Kultur verbreitet. Anstatt die Toten wie in der Frühbronzezeit in Flachgräbern zu bestatten, schüttete man nun häufig über den Gräbern ein bis zwei Meter hohe Hügel auf und setzte dann nicht selten noch weitere Verstorbene darin bei. Auf diesem neuen Brauch beruht der Begriff Hügelgräber-Kultur, den der damals am „Römisch-Germanischen Zentralmuseum Mainz" („RGZM") tätige Prähistoriker Paul Reinecke (1872–1958) geprägt hat. Seltsamerweise hat man bisher in Mainz-Kastel noch kein Grab der Hügelgräber-Kultur aufgespürt. Im „Landesmuseum Mainz" werden etliche Flussfunde der Hügelgräber-Kultur aus dem Rhein bei Mainz-Kastel aufbewahrt. Dazu zählen drei bronzene Nadeln (Inventarnummern V1984, V2020, V2337). Diese wurden bereits 1900/1901 in den „Berichten des Mainzer Altertumsvereins, Museographie" erwähnt und abgebildet. Ebenfalls ein Flussfund aus dem Rhein bei Mainz-Kastel ist ein bronzener Dolch (V2274) der Hügelgräber-Kultur, der 1901 in der „Westdeutschen Zeitschrift" publiziert und dargestellt wurde. Außerdem hat man eine bronzene Beilklinge (V2277)

*Brandbestattung
eines Verstorbenen.
Zeichnung:
Friederike Hilscher-Ehlert
aus dem Buch
„Deutschland
in der Bronzezeit" (1996)
von Ernst Probst*

der Hügelgräber-Kultur im Rhein bei Mainz-Kastel geborgen. Im Entwicklungsgebiet Wiesbaden-Ostfeld/Kalkofen nordwestlich des „Fort Biehler" wurde 2018 die Klinge eines bronzenen Randleistenbeiles der Hügelgräber-Kultur entdeckt. Beim Randleistenbeil sind im Gegensatz zum Flachbeil die Längsseiten von erhabenen Leisten begleitet. Diese Leisten bewirkten, dass die metallene Beilklinge sicherer in der hölzernen Schäftung saß.

**Spätbronzezeit**
Häufiger als Hinterlassenschaften der Früh- und Mittelbronzezeit sind in Mainz-Kastel archäologische Funde der spätbronzezeitlichen Urnenfelder-Kultur bzw. Urnenfelder-Zeit (etwa 1300/1200–800 v. Chr.). Dieser Begriff beruht darauf, dass damals die Toten meistens auf Scheiterhaufen verbrannt und danach häufig ihre Aschen- bzw. Knochenreste in tönerne Urnen geschüttet und in Brandgräbern beigesetzt wurden. In Deutschland war die Urnenfelder-Kultur in Baden-Württemberg, Bayern, im Saarland, in Rheinland-Pfalz, Hessen, Teilen Nordrhein-Westfalens (Niederrheinische Bucht) und südlich des Thüringer Waldes heimisch. Die Urnenfelder-Leute wohnten in unbefestigten und befestigten Flachland-, Seeufer, Insel- und befestigten Höhensiedlungen („Burgen").
Im „Landesmuseum Mainz" bewahrt man etliche urnenfelderzeitliche Funde aus dem Rhein bei Mainz-Kastel auf: bronzene Beilklingen (Inventarnummern V1920 und V1933), ein bronzenes Messer (V1946), bronze Nadel (V1972) und ein bronzenes Schwertteil (V2584). Das Beil „V1933" wurde bereits 1900/1901 in den „Berichten des Mainzer Altertumsmuseums" und das Beil „V1920" 1958 im Ausstellungskatalog „Vom Steinzeitmenschen zum Urkelten" vom Prähistoriker Bernhard Stümpel (1924–1994) erwähnt. Am 14. Mai 1901 erwarb das „Altertumsmuseum Mainz (heute: „Landesmuseum Mainz") ein 15 Zentimeter langes, 4,9 Zentimeter

*Berittener Krieger
der Urnenfelder-Kultur
mit Angriffswaffen
(Schwert, Lanze)
und Schutzwaffen
(Helm, Brustpanzer, Schild,
Beinschiene),
wie sie an verschiedenen
Fundorten in Europa
zum Vorschein kamen.
Zeichnung von Friederike
Hilscher-Ehlert, Königswinter,
für das Buch „Deutschland
in der Bronzezeit" (1996)*

*Bronzener Helm aus dem Main
bei Mainz-Kostheim
Höhe 25,2 Zentimeter.
Original im
„Landesmuseum Mainz".
Foto: Landesmuseum Mainz*

breites und 340 Gramm schweres Beil mit bräunlicher Patina der Urnenfelder-Kultur, das im Rhein bei Kastel gefunden worden war. Aus dem Rhein bei Mainz-Kastel stammt auch ein urnenfelderzeitlicher Ring mit Netzmuster-Verzierung. 1918 kaufte das „Altertumsmuseum Mainz" (heute: „Landesmuseum Mainz") eine bei Kanalisationsarbeiten am „Wiesbadener Tor" in Mainz-Kastel entdeckte etwa zur Hälfte erhaltene bronzene Tasse der Urnenfelder-Kultur an. Sie ist auf dem Henkel mit zwei Rillen verziert. 1930 barg man in einem Grab jener Kultur bei Mainz-Kastel eine Nadel der „Form Urberach". Weitere urnenfelderzeitliche Funde aus Mainz-Kastel sind eine bronzene Nadel (V2337) und Keramik (V30785) im „Landesmuseum Mainz". Bei einer anderen Keramik (V30/85,2) ist unklar, ob sie in Mainz-Kastel oder Mainz-Kostheim geborgen wurde.

**Helm aus dem Main bei Kostheim**
Eine Rarität ist ein 25,2 Zentimeter hoher bronzener Helm eines Kriegers aus der älteren Urnenfelder-Kultur (zwischen 1200 und 1000 v. Chr.), der am 17. Juni 1877 im Main beim Kasteler Nachbarort Kostheim zum Vorschein kam. Flussfunde können unabsichtlich durch Überschwemmungen oder Verluste bei Flussüberquerungen beziehungsweise absichtlich als Sühne- und Versöhnungsopfer sowie als Weihe- und Opfergaben ins Wasser gelangt sein.
Die damaligen Krieger trugen außer Helmen auch Panzer, Beinschienen und Schilde. Bewaffnet waren sie mit Dolchen, Schwertern, Lanzen, Speeren sowie mit Pfeil und Bogen. Pferde dienten als Reittiere. Funde aus anderen Gegenden deuten darauf hin, dass wohl mächtige Häuptlinge, Fürsten und Priester das Sagen hatten. Nur so sind der arbeits- und zeitaufwendige Bau von befestigten Höhensiedlungen („Burgen") sowie die kultisch motivierten Sach-, Tier- und Menschenopfer zu erklären. Neben Einzelbegräbnissen bedeutender Persön-

lichkeiten in eindrucksvollen Gräbern und mit reichen Beigaben (Wagengräber) gab es Friedhöfe mit Hunderten von gleichartigen Brandgräbern.

In der „Westdeutschen Zeitschrift" von 1900 erfuhr man von tönernen Gefäßen (V1447, V448) sowie Gefäßfragmenten (V1446, V1449) aus der Urnenfelder-Zeit vom Fundort „Kastel-Kostheim, am steinernen Kreuz".

1932 wurden in Mainz-Kostheim in den Bereichen Uthmannstraße/Zelterstraße sowie zwischen dem Steigweg und Heßlerweg zwei kleine Gräberfelder aus der späten Urnenfelder-Kultur (um 800 v. Chr.) entdeckt. Ersteres Gräberfeld umfasste elf Gräber, letzteres fünf Gräber.

In einem der Brandgräber (Grab 3), die 1932 in der Straße „Im See" von Mainz-Kostheim freigelegt wurden, fand man außer der tönernen Urne mit dem Leichenbrand auch einen verzierten Becher, zwei Schalen sowie eine bronzene Gewandnadel mit abgebrochener Spitze. Ein im Gewann „Im Sachsengraben" bestattetes drei- bis vierjähriges Kind („Grab 7") hat man unverbrannt zusammen mit Tongefäßen und einem bronzenen Armring beerdigt. Die bei der Urnenfelder-Kultur seltene Körperbestattung ist öfter bei Kindern praktiziert worden. Bronzene Armringe mit D-förmigem Querschnitt und Sanduhrmuster-Verzierung – wie aus Gräbern von Mainz-Kostheim bekannt – werden von Archäologen der „Variante Kostheim" zugerechnet. Man kennt sie hauptsächlich vom Rheinknie bei Mainz über das Neckartal bis zum Riegsee in Oberbayern. Ein Armring mit gleichmäßig geripptem Mittelfeld wurde im Main bei Mainz-Kostheim geborgen. Die Brandbestattung eines Mannes in Mainz-Kostheim enthielt außer der Urne und weiteren Tongefäßen eine 10,6 Zentimeter lange bronzene Nadel und einen Spinnwirtel. Vielleicht hatte eine Witwe ihrem verstorbenen Mann den Spinnwirtel ins Grab gelegt, damit er im Jenseits spinnen konnte.

Auf Gruben, die anscheinend zu einer unbefestigten Flachlandsiedlung gehörten, stieß man in der Straße „Am Mainzer Weg" in Mainz-Kostheim. Bei einer „PGIS-Objekt-Recherche" fand die Wiesbadener Prähistorikerin Dr. Susanne Schade-Lindig weitere Funde der Urnenfelder-Zeit aus Mainz-Kastel.

### Keramik und Gräber aus Kastel

Am 12. Oktober 1976 kamen in Kastel bei Ausschachtungsarbeiten im Bereich Rampenstraße 16–24 in einer Tiefe von 2,70 Metern ein Bandhenkel aus der Urnenfelder-Zeit, eine große Bodenscherbe und zwei Wandscherben zum Vorschein. Von derselben Fundstelle „Kastel 44" kennt man auch römische Hinterlassenschaften.

Im März/April 2006 barg man im Gewerbegebiet Petersweg, Flurname Bettwiese, auf einer zur Bebauung vorgesehenen Fläche viele urnenfelderzeitliche Siedlungsfunde. Dazu gehörten Randscherben und Henkelfragmente. Im selben Bereich fand man auch römische Keramik, Ziegelfragmente und Münzen.

2007 legte man bei einer Notbergung in der Peter-Sander-Straße im Gewerbegebiet Mainz-Kastel (Fundstelle „Kastel 11") sechs Bestattungen aus der Urnenfelder-Zeit frei. Nach den Gefäßformen (horizontale Riefenbänder und Girlanden) zu schließen, stammen sie aus der letzten Phase der Spätbronzezeit von etwa 1000- bis 800 v. Chr.

2015 stieß man bei einer Grabung im Vorfeld der Anlage einer Versorgungsleitung für das Biomassekraftwerk auf dem Army-Airfield Ost in Wiesbaden-Erbenheim auf eine Kreisgrabenanlage ungeklärter Zeitstellung. Sie könnte aus der Bronzezeit oder Vorrömischen Eisenzeit stammen.

Im Frühjahr 2010 entdeckte der Archäologe David Sarnowski bei Bauarbeiten an einer Straßentrasse den Rest eines zerpflügten Urnengrabes (Fundstelle „Kastel 57"). Unweit

„Goldener Hut" aus der Urnenfelder-Zeit vor etwa 1000 bis 800 v. Chr. von einem unbekannten Fundort in Süddeutschland oder in der Schweiz. Gesamthöhe 74,5 Zentimeter. Original im Berliner „Museum für Vor- und Frühgeschichte". Der Fund wird wegen seines Aufbewahrungsortes als „Berliner Goldhut" bezeichnet. Foto: Philip Pikart / CC-BY3.0: (via Wikimedia Commons), lizensiert unter CreativeCommons-Lizenz by-3.0-de http://creativecommons.org/licenses/by/3.0/legalcode

davon stieß er auf eine Grube mit prähistorischen Funden (Fundstelle „Kastel 58"). Eine der am nächsten von Mainz-Kostheim gelegenen Befestigungen lag auf dem Bleibeskopf bei Bad Homburg (Hochtaunuskreis). Zum Kult der Urnenfelder-Kultur gehörten Kreisgräben mit einem Durchmesser bis zu fast 200 Metern (Goloring in Rheinland-Pfalz), Sonnensymbole, kleine Kesselwagen (Acholshausen in Bayern), Schallbleche, Goldscheiben, Goldbecher, meterhohe „goldene Hüte" (Etzelsdorf in Bayern), Kultfiguren, Schädelbestattungen, Schädelamulette, Höhlenheiligtümer, Tier- und Menschenopfer.

## Die Vorrömische Eisenzeit

### Hallstatt-Zeit

Der ältere Teil der Vorrömischen Eisenzeit wird im südlichen Mitteleuropa als Hallstatt-Kultur bzw. Hallstatt-Zeit bezeichnet. Er dauerte etwa von 800 bis 450 v. Chr. und ist nach dem Fundort Hallstatt in Oberösterreich benannt. Der jüngere Teil der Vorrömischen Eisenzeit wird im südlichen Mitteleuropa als La-Tène-Kultur bzw. La-Tène-Zeit (Latènezeit) bezeichnet. Er währte von etwa 450 v. Chr. bis Christi Geburt und erinnert an den Fundort La Tène am Neuenburger See in der Schweiz. Über die keltische Bevölkerung im Raum von Mainz-Kastel aus der Vorrömischen Eisenzeit ist wenig bekannt. In dieser rund 800 Jahre langen Zeit hat man Werkzeuge, Waffen und Schmuck aus Eisen angefertigt.
In der frühen Hallstatt-Zeit um 700 v. Chr. starb im Stadtgebiet von Frankfurt am Main ein keltischer Fürst, dessen reich ausgestattetes Grab 1966/1967 beim Bau der Autobahn A 661 nahe der Offenbacher Stadtgrenze zum Vorschein kam. Der schätzungsweise 1,75 bis 1,80 Meter große Mann war ungefähr 50 Jahre alt geworden. Man hatte ihn in einem ursprünglich

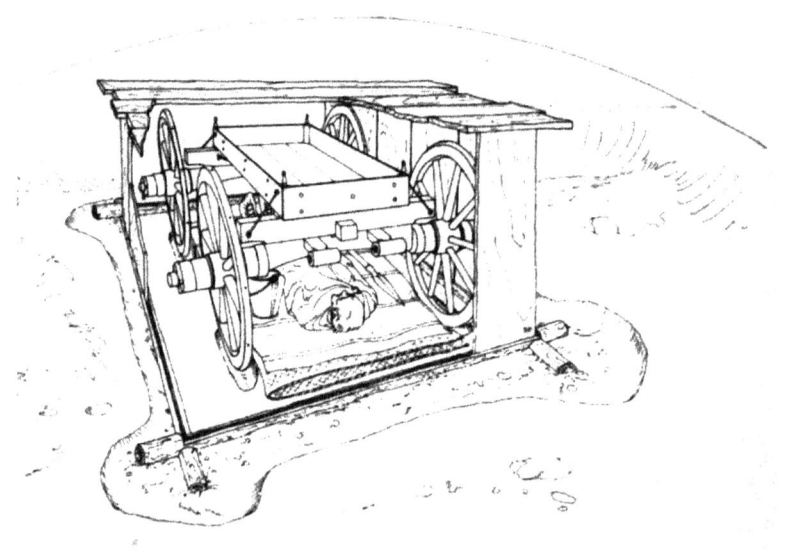

Rekonstruktion des Wagengrabes eines keltischen Anführers von Bell im Hunsrück aus der späten Hallstatt-Zeit (um 500 v. Chr.). Zu seinen Beigaben gehörten eine Lanze mit Eisenspitze und Trinkgeschirr.
Zeichnung: Achim Berg / CC-BY-SA3.0 (via Wikimedia Commons), lizensiert unter CreativeCommons-Lizenz by-sa-3.0-de, https://creativecommons.org/licenses/by-sa/3.0/legalcode

3,50 Meter hohen Grabhügel mit einem Durchmesser bis zu 38 Metern bestattet. Dem Verstorbenen legte man ein bronzenes Schwert mit Scheide, ein hölzernes Doppeljoch mit Lederbezug und Bronzebeschlägen, Zaumzeug und Geschirr für zwei Pferde, luxuriöse Trinkgefäße und ein eisernes Schlachtmesser mit Goldeinlage ins Grab. Der Frankfurter Herrscher ist einer der ältesten bekannten Keltenfürsten. Man kann darüber spekulieren, ob sein Herrschaftsgebiet bis in die Gegend von Kastel reichte. Aus Mainz-Kastel sind bisher keine bedeutenden Funde der Hallstatt-Zeit entdeckt worden. In einer Fundliste des „Landesmuseums Mainz" werden zahlreiche Funde aus der Hallstatt-Zeit mit der Ortsangabe „Kostheim, zw. Kastel und Kostheim, Am Mainzer Weg" aufgezählt (V3030 bis V3058). Es handelt sich um Tongefäße, Fragmente von Tongefäßen, Tierknochen und tönerne Spinnwirtel. Viele davon kamen in „Grube 1" zum Vorschein, andere in „Grube 2", „Grube 3" oder „Grube 4". Ein Teil jener Funde wurde 1912 von dem Mainzer Prähistoriker Gustav Behrens (1884–1958) in der „Mainzer Zeitschrift" publiziert. Die vom „Mainzer Altertumsverein" herausgegebene und seit 1845 periodisch erscheinende „Mainzer Zeitschrift" genießt national und international hohes Ansehen in der Fachwelt.

Aus dem Rhein bei Wiesbaden-Schierstein oder an der Rheininsel Rettbergsaue gegenüber dem Biebricher Schloss barg man einen kleinen Bronzeeimer (Ziste), der aus der Hallstatt-Zeit zwischen etwa 600 und 450 v. Chr. stammen soll. Im Inventarbuch und im Ankaufbuch des „Landesmuseum Mainz" sind unterschiedliche Angaben über den Fundort eingetragen. Die Ziste mit zwei Henkeln ist 10,2 Zentimeter hoch und hat einen Durchmesser von 11 Zentimetern. In der Uthmannstraße von Mainz-Kostheim wurde 1972 bei einer Notbergung auch eine Grube aus der Hallstatt-Zeit angeschnitten. Sie enthielt etwas Keramik, einen Spinnwirtel und Brandlehm.

*Sandsteinstatue des Keltenfürsten vom Glauberg, um 500 v. Chr.*
*Ausstellungsort: Museum „Keltenwelt am Glauberg".*
*Foto: Heinrich Stürzl / CC-BY-3.0 (via Wikimedia Commons),*
*lizensiert unter CreativeCommons-Lizenz by-3.0-de,*
*https://creativecommons.org/licenses/by/3.0/legalcode*

## La-Tène-Zeit

Als eine der bedeutendsten Fundstätten der europäischen Eisenzeit gilt der Glauberg in der Wetterau (Hessen), der in der La-Tène-Zeit vor mehr als 400 v. Chr. der Sitz keltischer Herrscher war. Deren Territorium soll größer als das heutige Hessen gewesen sein. Archäologen entdeckten auf dem Glauberg einen Kultbezirk mit Prozessionswegen, drei reich ausgestattete Fürstengräber und die bis auf die Füße erhaltene, 1,86 Meter hohe Statue eines Keltenfürsten oder Keltenpriesters (Druide) mit einer haubenartigen Krone, die als Mistelblattkrone gedeutet wird, und Menschenopfer. Außerdem barg man Fragmente von drei weiteren Statuen, die der ersten im Detail gleichen, aber andere Proportionen aufweisen. Anderswo hat man in Fürstengräbern männliche oder weibliche Verstorbene auf Wagen oder einer Art Sofa (Kline) liegend bestattet. Im Rhein bei Kastel kam ein 45 Zentimeter langes keltisches Kurzschwert aus der La-Tène-Zeit zum Vorschein, das 1877 vom „Mittelrheinischen Landesmuseum" (heute: „Landesmuseum Mainz") erworben wurde. Ein aus Bronze, Eisen und Gold bestehendes fragmentarisch erhaltenes, 31,5 Zentimeter langes Griffzungenschwert vom Typ Asenkofen (V1101) der frühen La-Tène-Zeit aus dem Rhein bei Kastel wird ebenfalls im „Landesmuseum Mainz" aufbewahrt. Jener Fund mit der Inventarnummer „V1101" wurde schon von dem Mainzer Prähistoriker Ludwig Lindenschmit dem Älteren (1809–1895) in den vierbändigen „Alterthümern der heidnischen Vorzeit" (1858–1889) erwähnt. Weitere Flussfunde der La-Tène-Zeit aus dem Rhein bei Mainz-Kastel sind eine bronzene Zierscheibe (V1102) und eine seltene Glasperle (V598) im „Landesmuseum Mainz". Das „Museum Castellum" in der Reduit präsentiert Kopien zweier tönerner Vorratsgefäße aus der La-Tène-Zeit, die in der Anton-Zeeh-Straße in Mainz-Kastel gefunden wurden, sowie eine Fibel. In Mainz-Kastel hat man auch Reste einer Siedlung aus der späten La-Tène-Zeit (150 v. Chr. bis um Christi Geburt) freigelegt.

Keltisches Kurzschwert
aus dem Rhein
bei Mainz-Kastel.
Länge: 45 Zentimeter.
Original im
„Landesmuseum Mainz".
Foto: Landesmuseum Mainz

Bei einer „PGIS-Objekt-Recherche" ermittelte die Wiesbadener Prähisorikerin Dr. Sabine Schade-Lindig weitere Kasteler Funde aus der La-Tène-Zeit.

Im August 1976 entdeckte man in einer Baugrube in der Rampenstraße (Fundstelle „Kastel 21") in etwa 1,20 Meter Tiefe drei Pfosten, die jeweils ungefähr 1,40 Meter voneinander entfernt waren, und möglicherweise eine ehemalige Laufschicht. Offenbar handelte es sich hierbei um Relikte des ehemaligen Inneren eines römischen Gebäudes. Zwischen zwei Pfosten stieß man auf eine Grubeneinfüllung mit Scherben aus der vorhergehenden jüngeren La-Tenè-Zeit.

Um 1981 wurde dem „Landesmuseum Wiesbaden" ein vermutlich aus der La-Tenè-Zeit stammender Mahlstein mit der Fundortangabe „Kastel, Nähe Grohag" übergeben. Der 52 Zentimeter lange Mahlstein (Inv.-Nr. L1985/97) hat die Form eines „Napoléonshutes". Solche Mahlsteine der La-Tenè-Zeit aus Eifeler Basaltlava ähneln einem Zweispitz, der zu Beginn des 19. Jahrhunderts üblichen militärischen Offiziers-Kopfbedeckung. Der Mahlstein diente als Unterlieger zur Herstellung von Getreidemehl durch Reiben oder Mahlen von Getreidekörnern.

Viel bescheidener als Fürstengräber waren die um 1911 im Kasteler Nachbarort Kostheim zwischen Floßhafen und Viehweg entdeckten keltischen Hockergräber, in denen die Toten mit angewinkelten Armen und Beinen niedergelegt wurden. Sie verraten zumindest die Existenz einer Keltensiedlung, über die man jedoch nichts Genaues weiß. Im März 1912 hat man beim Ausheben der Baugrube Kostheimer Landstraße 16 drei Abfallgruben aus der frühen La-Tène-Zeit dokumentiert. Sie lagen in etwa drei bis vier Meter Entfernung zueinander und wurden ab ca. 0,20 bis 0,30 Meter unter dem Ackerhorizont erkannt. In der Flur „Am Büttelborn" nahe der Hochheimer Gemarkung kamen bei Begehungen ab 1989 immer wieder Siedlungsfunde aus der Jungsteinzeit, Urnenfelder-Kultur, späten La-Tène-Zeit und dem Mittelalter zutage. Es handelte sich aber nur um wenige Scherbenfunde. Im Kostheimer Nachbarort Hochheim am Main wurde 1932 bei Rodungsarbeiten für einen Weinberg ein 17,3 Zentimeter langer bronzener keltischer Spiegel aus der Zeit um 400 v. Chr. entdeckt. Davon entfallen 12,5 Zentimeter auf die Spiegelplatte und 4,8 Zentimeter auf eine menschengestaltige Halbfigur.

### Germanen verdrängen Kelten

1. Jahrhundert v. Chr.: Um 100 v. Chr. (Jüngere La-Tène-Zeit) war das Gebiet von Hessen noch von Kelten besiedelt. Doch im Laufe des 1. Jahrhunderts v. Chr. erschütterten aus dem Norden eindringende Germanen das Gefüge der keltischen Besiedlung. Die Eindringlinge waren Elbgermanen, historisch Sueben genannt. 58 v. Chr. besiegte der römische Feldherr Caesar (100 v. Chr.–44 v. Chr.) die Sueben unter ihrem Heerführer Ariovist (gestorben um 54 v. Chr.) am Oberrhein. Ein Teil der Sueben zog sich vermutlich durch die Hessische Senke zurück und ließ sich dort nieder. Etwa zur gleichen Zeit drangen andere Germanen nordwestdeutscher Herkunft (wohl die Chatten) ein. Zur Zeit von Augustus (63 v. Chr.–14 n. Chr.) befanden sie sich noch in Bewegung. Kämpfe mit Stämmen sowie die Berührung mit den Römern, deren Heere zur Zeit der Feldzüge unter Augustus mehr als einmal von Mainz aus durch das Gebiet der Chatten zogen, veränderten das Siedlungsgebiet. Aus dieser Zeit kennt man nordwestgermanische Funde in der Wetterau, die vielleicht von den Mattiakern stammen, die laut dem römischen Historiker Tacitus (58–120) zu den Chatten gehörten.

### Stadt des Mogon

13 v. Chr.: Die nach dem Gott Mogon benannte keltische Siedlung „Mogontia" (heute: Mainz) am linken Ufer des Rheins

(„Rhenus") gegenüber der Mündung des Mains („Moenus") wurde römisches Militärlager. Das Lager diente der 14. Legion („legio XIV Gemina") und 16. Legion („legio XVI Gallica") als Stützpunkt und wurde von den Römern als „Mogontiacum" („Stadt des Mogon") bezeichnet. Diese Mainzer Truppen waren an den Kriegszügen des römischen Heerführers Drusus (38 v. Chr.–9 v. Chr.) gegen die Chatten und die Cherusker beteiligt und kamen in den Jahren 10 und 9 v. Chr. bis an die Nordsee und Elbe.

**Viele Namen für Mainz**
1.–18. Jahrhundert n. Chr.: Zur Zeit der Römer in Mainz im 1. Jahrhundert n. Chr. hieß dieser Ort „Mogontiacum". Daneben sprach man von „Moguntiacum" und „Moguntiaco". Ab dem 6. Jahrhundert war von „Moguntia" und „Magantia" die Rede, im 7. Jahrhundert von „Mogancia", „Magancia urbis" und „Maguntia", im 8. Jahrhundert von „Magontia". Im 11. Jahrhundert schrieb man wieder „Mogontiacum", aber auch „Monguntie". Im 12. Jahrhundert existierten die Ortsnamen „Magonta", „Maguntia", „Magontie" und „Maguntiam". Auf einer arabischen Weltkarte aus dieser Zeit stand „maiansa". Vom 13./14. bis zum 15. Jahrhundert wandelte sich der Ortsname von „Meginze" zu „Menze". 1315 las man „Meynce", 1320 „Meintz", 1322 „Maentze", 1342 „Meintze" und 1357 erneut „Meintz". Im 15. Jahrhundert tauchte erstmals „Maintz" auf. Häufiger waren aber „Menz", „Mentze", „Maynz", „Meintz", oder „Meyntz". Namensformen mit „ai" gab es erstmals im 16. Jahrhundert. Sie setzten sich in der Barockzeit (1575–1770) endgültig durch. Während der französischen Besetzung 1792/1793 und 1798–1814 wurde „Mayence" üblich. Nachzulesen ist dies in der Abhandlung „Die Schreibung des Stadtnamens von der Antike bis zur Neuzeit" in „Dombauverein Mainz e. V.", Ausgabe 6/2004, von Rita Heuser.

Eine Tafel nahe des „Kasteler Geschichtsbrunnens"
erinnert daran, dass die Gründung des „Castellum Mattiacorum"
etwa 11 v. Chr. durch die 14. römische Legion erfolgte.
Foto: Ernst Probst, Mainz-Kostheim

## Castellum Mattiacorum
1. Jahrhundert v. Chr. und 1. Jahrhundert n. Chr.: Die Gründung von Kastel erfolgte etwa 11 v. Chr. durch die 14. römische Legion. Kastel gilt als einziger Ort in Hessen, der noch heute seinen römischen Namen trägt. Der Begriff Kastel wurde von „Castellum Mattiacorum" („Kastell im Land der Mattiaker") abgeleitet. Die Mattiaker waren ein von Chatten abgespaltener germanischer Stamm um „Aquae Mattiacae" („Mattiakische Wasser" = das heutige Wiesbaden). Der antike Name „Castellum Mattiacorum" ist durch zwei Inschriften belegt, in denen von „castell(o) Mattiac(orum)" und „kastello Mattiacorum" die Rede ist. Das erste hölzerne Brückenkopf-Kastell blieb offenbar bis zum Vierkaiserjahr 69 n. Chr. erhalten, dann wurde es vermutlich von Germanen zerstört. Nach Ziegelstempeln zu schließen, hat man von 83 bis 86 n. Chr. ein 91 Meter langes und 67 Meter breites Steinkastell erbaut. Reste seiner etwa fünf bis sechs Meter dicken Mauern befinden sich unter dem Boden der katholischen Kirche „St. Georg" am Rochusplatz in Mainz-Kastel ungefähr unter den ersten Bänken.

# Die Autoren

Ernst Probst und Doris Probst, geborene Baumbauer, leben seit 1983 mehr als 30 Jahre nahe an der Grenze zu Kastel in Kostheim. Ernst Probst kam 1946 in Neunburg vorm Wald in Bayern zur Welt und arbeitete als Zeitungsredakteur in Nürnberg, Bayreuth und Mainz. Von 1986 bis 2018 veröffentlichte er zahlreiche Bücher, Taschenbücher und Broschüren über die Themenbereiche Paläontologie, Kryptozoologie, Archäologie, Geschichte und Aphorismen. Zwischen 2001 und 2006 betätigte er sich als Buchverleger sowie weltweit als Antiquitäten- und Fossilienhändler. Seine 1947 in Idar-Oberstein an der Nahe geborene Ehefrau Doris unterstützte ihn im Verlag und Handel und gab ab 2001 Taschenbücher mit Weisheiten und Torheiten über das Alter, die Arbeit, die Ehe, die Frauen, den Fußball, die Kinder, die Liebe und die Männer sowie mit Gedichten über Tiere heraus.

*Ernst Probst und Doris Probst. Foto: Karin Luchs, Mainz-Finthen*

# Literatur

BANTELMANN, Niels / LANTING, Albert E. / VAN DER WAALS, J. Diderik: Wiesbaden „Hebenkies", das Grabmal auf dem Weg nach der Platte. Die Nachforschungen von Wilhelm Dorow von 1817 und die Untersuchungen aus den Jahren 1975–1979. Fundberichte aus Hessen 19/20, S. 183–249, Wiesbaden 1979/1980
DEUTSCHER, Lisa: Latènezeitliche Schwerter mit Stempelmarken. Jahrbuch des Römisch-Germanischen Zentralmuseums 59, Mainz 2012
DIEHL, Fritz: Von Castellum bis Kastel, Mainz-Kastel 1985
DIEHL, Fritz: 2000 Jahre Kastel in Wort und Bild, Mainz-Kastel 1989
DIEHL, Fritz: 2000 Jahre Kastel. Jubiläumsbuch zur 2000-Jahr-Feier, Mainz-Kastel 1990
DÖRRLAMM, Rolf: Von der Steinzeitvenus bis zur Jupitersäule. Kunst- und kulturgeschichtliche Zeugnisse aus der Vorgeschichte und Römerzeit, Mainz 1982
GELLER-GRIMM, Fritz: Museum Wiesbaden. Naturhistorische Sammlungen. Paläontologie. Die Mosbach-Sammlung, http://www.mwnh.de/samm022.html
HEIDE, Birgit: Leben und Sterben in der Steinzeit : (Ausstellung im Landesmuseum Mainz, 22. Juni bis 21. September 2003)
HOLLEIN, Max / FÜLLGRABE, Jörg / SCHIRN KUNSTHALLE FRANKFURT (Herausgeber): Die Kelten – Legende und Wirklichkeit. Der Keltenguide für Schüler zur Hessischen Landesausstellung „Das Rätsel der Kelten vom Glauberg" 24. Mai – 1. September 2002, Frankfurt am Main
KIBBERT, Kurt: Die Äxte und Beile im mittleren Westdeutschland II. Prähistorische Bronzefunde, Abteilung IX, 13. Band, Frankfurt am Main 1984

PROBST, Ernst: Deutschland in der Urzeit. Von der Entstehung des Lebens bis zum Ende der Eiszeit, München1986
PROBST, Ernst: Die ersten Bauern besiedeln das Land. Die Linienbandkeramische Kultur von etwa 5500 bis 4900 v. Chr. In: Deutschland in der Steinzeit. Jäger, Fischer und Bauern zwischen Nordsee und Alpenraum, S. 249–268, München 1991
PROBST, Ernst: Frühe Burgen der Steinzeit. Die Michelsberger Kultur von etwa 4300 bis 3500 v. Chr. In: Deutschland in der Steinzeit. Jäger, Fischer und Bauern zwischen Nordsee und Alpenraum, S. 315–322, München 1991
PROBST, Ernst: 250 Bestattungen in einem einzigen Grab. Die Wartberg-Gruppe von etwa 3500 bis 2800 v. Chr. In: Deutschland in der Steinzeit. Jäger, Fischer und Bauern zwischen Nordsee und Alpenraum, S. 372–379, München 1991
PROBST, Ernst: Ein „Volk reisiger Bogenschützen". Die Glockenbecher-Kultur von etwa 2500 bis 2000 v. Chr. In: Deutschland in der Steinzeit, S. 407–411, München 1991
PROBST, Ernst: Das Gräberfeld vom Adlerberg. Die Adlerberg-Kultur von etwa 2300/2200 bis 1800 v. Chr. In: Deutschland in der Bronzezeit. Bauern, Bronzegießer und Burgherren zwischen Nordsee und Alpen, S. 78–83, München 1996
PROBST, Ernst: Der Kult der „goldenen Hüte". Die Hügelgräber-Kultur von etwa 1600 bis 1300/1200 v. Chr. In: Deutschland in der Bronzezeit. Bauern, Bronzegießer und Burgherren zwischen Nordsee und Alpen, S. 168–183, München 1996
PROBST, Ernst: Die Zeit der Unruhestifter. Die Urnenfelder-Kultur von etwa 1300/1200 bis 800 v. Chr. In: Deutschland in der Bronzezeit. Bauern, Bronzegießer und

Burgherren zwischen Nordsee und Alpen, S. 258–292, München 1996
PROBST, Ernst: Der Mosbacher Löwe. Die riesige Raubkatze aus Wiesbaden, München 2010
PROBST, Ernst / PROBST, Doris: 5000 Jahre Kostheim. Von der Steinzeit bis zum 21. Jahrhundert, Leipzig 2018
WIELAND, Anne: Die Civitas Mattiacorum. Forschungen zur römerzeitlichen Siedlungsgeschichte. Dissertation an der Universität zu Köln, 2009
WIKIPEDIA, Online-Lexikon: Napoleonshut (Mahlstein) https://de.wikipedia.org/wiki/Napoleonshut_(Mahlstein)

# Bücher von Ernst Probst

(Auswahl)

Rekorde der Urzeit. Landschaften, Pflanzen und Tiere
Dinosaurier von A bis K. Von Abelisaurus
bis zu Kritosaurus
Dinosaurier von L bis Z. Von Labocania
bis zu Zupaysaurus
Dinosaurier in Deutschland
Dinosaurier in Baden-Württemberg
Dinosaurier in Bayern
Dinosaurier in Niedersachsen
Raub-Dinosaurier von A bis Z
Der rätselhafte Spinosaurus. Leben und Werk
des Forschers Ernst Stromer von Reichenbach
Vogelriesen in der Urzeit
Aepyornis. Der Vogel, der die größten Eier legte
Archaeopteryx. Die Urvögel aus Bayern
Argentavis. Der größte fliegende Vogel
Brontornis. Riesenvögel in Argentinien
Dinornis. Der größte Vogel aller Zeiten
Dromornis. Der schwerste Vogel aller Zeiten
Gastornis. Der verkannte Terrorvogel
Harpagornis. Der größte Greifvogel der Neuzeit
Hesperornis. Der große Vogel des Westens
Pelagornis. Der größte Meeresvogel
Phorusrhacos. Der riesige Terrorvogel
Der Ur-Rhein. Rheinhessen vor zehn Millionen Jahren
Als Mainz noch nicht am Rhein lag
Der Rhein-Elefant. Das Schreckenstier von Eppelsheim
Krallentiere am Ur-Rhein
Menschenaffen am Ur-Rhein

Säbelzahntiger am Ur-Rhein
Johann Jakob Kaup. Der große Naturforscher
aus Darmstadt
Säbelzahnkatzen. Von Machairodus bis zu Smilodon
Die Säbelzahnkatze Machairodus
Die Säbelzahnkatze Homotherium
Die Dolchzahnkatze Megantereon
Die Dolchzahnkatze Smilodon
Tiere der Urwelt. Leben und Werk des Berliner Malers
Heinrich Harder
Deutschland im Eiszeitalter
Der Mosbacher Löwe
Der Höhlenlöwe
Höhlenlöwen. Raubkatzen im Eiszeitalter
Der Europäische Jaguar
Eiszeitliche Raubkatzen in Deutschland
Eiszeitliche Geparde in Deutschland
Eiszeitliche Leoparden in Deutschland
Löwenfunde in Deutschland, Österreich
und der Schweiz
Der Höhlenbär
Das Mammut
Monstern auf der Spur. Wie die Sagen über Drachen, Riesen
und Einhörner entstanden
Affenmenschen. Von Bigfoot bis zum Yeti
Nessie. Das Monsterbuch
Seeungeheuer. 100 Monster von A bis Z
Rekorde der Urmenschen. Erfindungen, Kunst
und Religion
Die ersten Bauern in Deutschland. Die
Linienbandkeramische Kultur
Das Rätsel der Großsteingräber
Was ist ein Menhir? Interview mit dem Mainzer Archäologen
Dr. Detert Zylmann

Die Frühbronzezeit in Deutschland
Die Mittelbronzezeit in Deutschland
Die Spätbronzezeit in Deutschland
Sieben berühmte Indianerinnen
Superfrauen aus dem Wilden Westen
Der Schwarze Peter. Ein Räuber im Hunsrück und Odenwald
Julchen Blasius. Die Räuberbraut des Schinderhannes
Hildegard von Bingen. Die deutsche Prophetin
Königinnen des Theaters
Königinnen des Tanzes
Königinnen des Films 1: Biografien berühmter Schauspielerinnen von Lucille Ball bis zu Sophia Loren
Königinnen des Films 2: Biografien berühmter Schauspielerinnen von Anna Magnani bis zu Mae West
Königinnen der Lüfte
Königinnen der Lüfte von A bis Z
Christl-Marie Schultes. Die erste Fliegerin in Bayern
Tony und Bruno Werntgen. Zwei Leben für die Luftfahrt

Bestellungen bei: www.grin.con

5000 Jahre Kostheim. Von der Steinzeit bis heute (zusammen mit Doris Probst)
6000 Jahre Kastel. Von der Steinzeit bis heute (zusammen mit Doris Probst)
Felicitas von Berberich. Die große Wohltäterin von Kostheim (zusammen mit Doris Probst)
Kanuten-König Christel Brandbeck (zusammen mit Doris Probst)

Bestellungen bei: www.amazon.de

# Bücher von Doris Probst

(Herausgeberin)

Adlerschrei und Zitronenfalter. Gedichte über Tiere
Der Ball ist ein Sauhund. Weisheiten und Torheiten
über Fußball (zusammen mit Ernst Probst)
Weisheiten und Torheiten über das Alter
Weisheiten und Torheiten über die Arbeit
Weisheiten und Torheiten über die Ehe
Weisheiten und Torheiten über Frauen
Weisheiten und Torheiten über Kinder
Weisheiten und Torheiten über die Liebe
Weisheiten und Torheiten über Männer
Worte sind wie Waffen. Weisheiten und Torheiten über
die Medien (zusammen mit Ernst Probst

Bestellungen bei: www.grin.com

www.ingramcontent.com/pod-product-compliance
Lightning Source LLC
Chambersburg PA
CBHW071431220526
45469CB00004B/1497